아이가 생기고 알게 된 것들

mupy

진정숙 옮김

어릴 적부터
엄마가 되는 것을
동경해 왔습니다.

「엄마가 되면
내 아이와
하루하루를
보낼 수 있다니,
얼마나 행복할까.」

대학생인 나

그렇게
생각했습니다.

시간이 지나,
저는
꿈에 그리던
엄마가
되었습니다.

그리고
생각했습니다.

생각했던
것과
달라 !!

어라?
으아앙
팡
팡
어라?
싫엉어어~
부-웅
어라?
이야~아앙!!

크크
어라라?
쌀

내가
생각했던 것은

꽃밭 같은
눈부신 정원

현실은

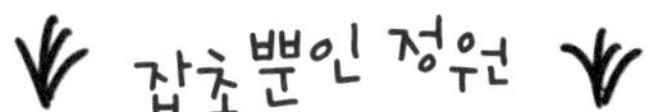

그렇다면,

그런
잡초 무성한
정원이라도

드물지만
작은 꽃을
찾기도 했습니다.

그런 저희 집의
잡초와 꽃을 모아 만든 게
이 책입니다.

이렇게 정리해 놓고 보니,
너무 즐거워 보이는 게 신기하네요.

아 이 가 생 기 고 알 게 된 것 들

C O N T E N T S

1 장

딸아이

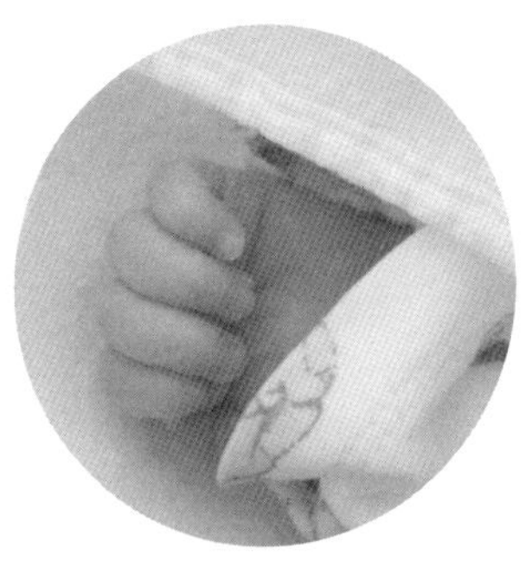

딸아이 #01

얌전히 안겨 있을 줄 알았는데

잠들자 마자 일어
나니 엄마는 항상
힘들어

젖이 어디 있는지 파악하고 있는 녀석

딸아이 #04

보기만 할래

곧 안길 것처럼 보이지만 안기만 하면 울음보가 터져버리는 함정에 몇 명이나 걸려들었어요

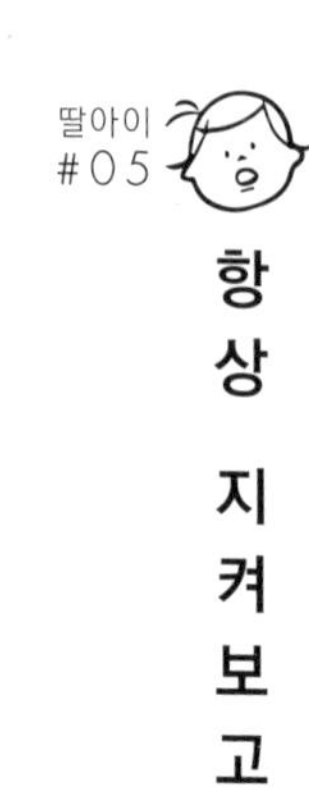
딸아이
#05
항상 지켜보고 있다

그냥 보면
안겨 있는
것 같지만,

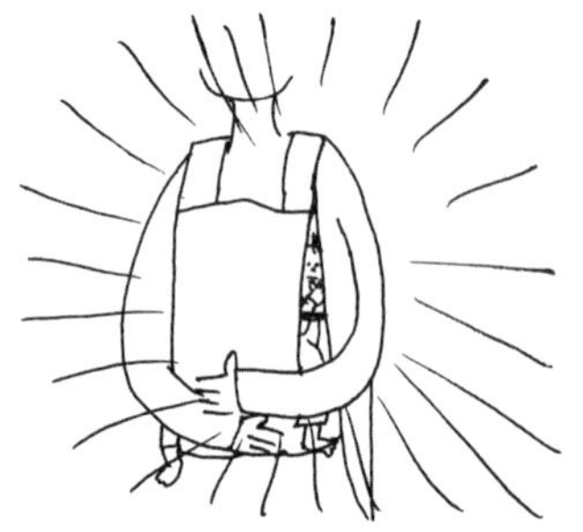

항상
지켜보고
있다!!

넌 항상 호기심이
풍부하구나

여기가 중요 포인트

아아아앙
울고 난 뒤에
빠져 있는
아래 속눈썹
머리숱도 적은데
뻗치는 머리카락
수유하고 난 뒤의
땀범벅과 이런 입 모양
앙
"우리 뭐할까?"
라고 물어보면
항상 취하는 포즈
딸아이의
중요 포인트
집중하고
있을 때의
요 입 모양
갑자기
시야에 들어오는
어마무시한 얼굴

힝~~잉!

누가 만지면 운다

왜그래

가만힝

자기가 보고 있었으면서

우에에에엥

누가 안아줘도 운다

힝~~잉!

눈이 마주치면 운다

오빠랑 사이좋은 모습을 보이면

우에에엥

엄청 울어댄다

예를 들면 멀리서 혼자 놀고 있다가도

꼭 나한테 와서 운다

우에에에엥

피—융

하루 종일 그렇게 울어대다 밤만 되면 엄청난 힘을 발휘하여 노는 딸아이. 그 힘을 낮에도 발산해주면 좋을 텐데… 라고 항상 생각했어요

딸아이
#08

언제나 벌떡 일어나는 녀석

아무리 조심스럽게 일어나도 항상 알아차려서, 저는 딸아이와 함께 자고 일어나는 생활을 하고 있어요

딸아이 #09

딸아이와 나

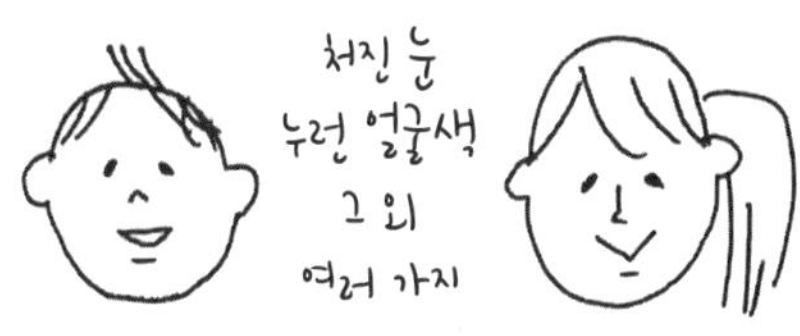

딸아이와 난
정말 쏙 빼닮아서

같이 목욕을 하거나

아

사실
이 아이는
내가 아닐까?
...

나를 너무 닮은 딸아이 때문에 "과거로부터 시간여행을 온 어릴 적 나를 키우고 있는" 상황을 상상해 보기도 했어요

나 자신을 키우고 있는 것 같은
이상한 기분이 든다.

딸아이
#10

딸아이의 표정 모음

아래 입술을 깨물며
「응~」이라고
말하는 모습.
귀여워

볼 안쪽을
빨아들이고
있는 모습.
귀여워

그리고 나서
「펭~」이라고
말하는 모습.
귀여워

웃으면 보이는
잇몸과 아랫니 2개,
그리고 눈주름과
주걱 같은 입이
귀엽다

신생아 때부터
변함없이 우는 모습.
귀여워

아기들은 말은 못 하지만, 얼굴표정으로 감정이 드러나기 때문에 너무 재밌어요

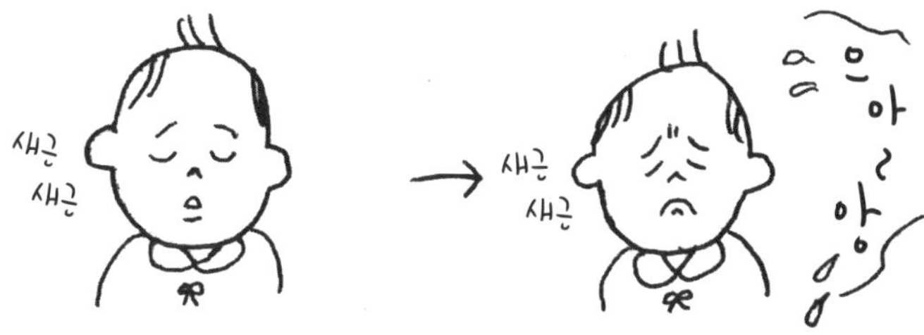

자고 있어도 오빠가 울면 반응을 보이는 딸아이

딸아이의 까꿍까꿍 놀이

온 힘을 다해
얼굴을 끌어당기고

천사 같은 얼굴
(자국이 조금 남아있다)

특등석

이유는 모르겠지만 사람 얼굴에 앉는 걸 좋아하는 녀석. 난 괴롭지만

딸아이
#12

맘에 드는 놀이

딸아이
#13

아니야, 이제 그만

내가 있는 걸 안 순간 안심하고 다시 자는 모습이 너무 귀여워

딸아이
#15

그만자

밤마다 딸아이를 재우는 게 얼마나 힘든 일인지. 항상 소리치고 뛰어다니며 우리를 귀찮게 하다가 펄쩍펄쩍 뛰고 나서야 겨우 잠이 듭니다. 잠들기까지 1~2시간 걸릴 때도 있어서 "제발 좀 빨리 자주면 안되겠니?"라고 항상 마음속으로 외치고 있습니다

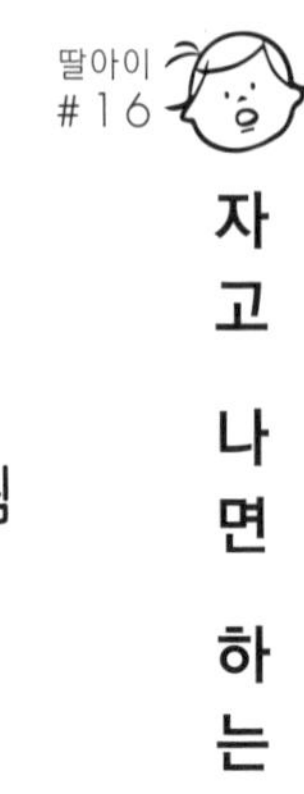

자고 나면 하는 행동

으에에에앵

지금까지의 아침

...타!

안녕~
잘잤어?

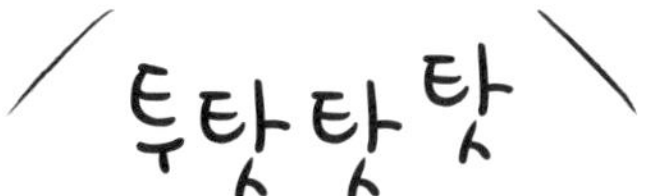

요즘 아침은

계단 위에서 스탠바이

잠결에도 절대로 계단 위에서 내려오지 않고 기다리는 모습이 너무 귀여워

딸아이
17

엄마가 좋아

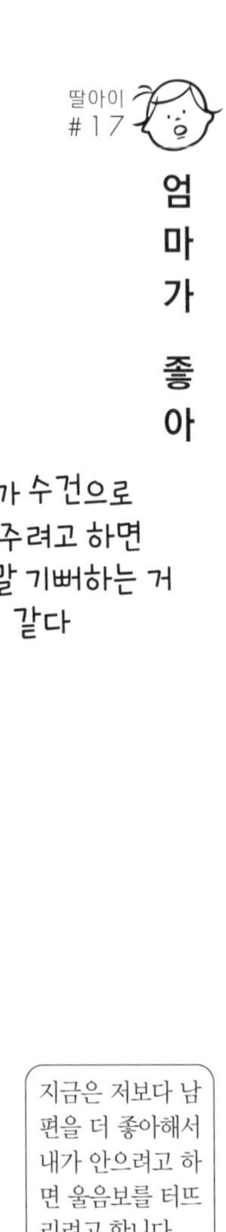

지금은 저보다 남편을 더 좋아해서 내가 안으려고 하면 울음보를 터뜨리려고 합니다. 슬포

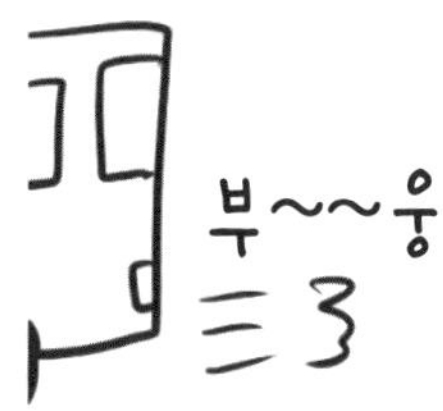

생애 첫 유치원, 오빠가 의기양양하게 버스에 타는 모습을 보고 딸아이가 목놓아 울기 시작했습니다. 오빠가 가버린 게 슬펐나 봅니다

유치원 데뷔

너희들도 아직 애기면서, 다들 너무 귀여워!

나도
만져볼래
귀여워
와~~
아기다
아기
냄새야
뭐야?
보여줘
보여줘
어디
어디?
우와~~
귀엽당~~
엄청
작당~

딸아이
#20

고난이도 미션

턱받이에 모아담기
END

온몸에 밥 붙이기
END

떨어뜨리기
END

도망
END

테이블 다이빙
END

TRUE
END

TRUE END까지 도달하기가 얼마나 어려운지

① 스스로
먹으려고
한다
② 이유는
알 수 없으나
손으로 밥을
잡는다
③ 손에 밥풀이
잔뜩 묻는다
④ 손을 털어서
밥을 털어내려고
한다
⑤ 옷으로
남은 밥을
닦아낸다
⑥ 밥풀을
여기저기에
덕지덕지 붙여
놓는다

딸아이
#21

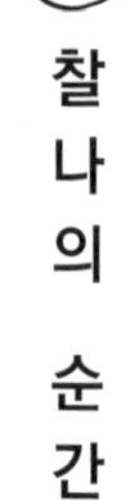
찰나의 순간

자아
아~

엄마,
무울 줘엉
응,
잠깐만

매일 수건을 어디로 갖고가는지…

걷기연습 하는데
갑자기 까꿍놀이 하는 건
참아줘…

딸아이
#24

인형과 노는 방법

뭔가를
굴려가면서
노는구나, 라고
생각한 순간

부부~
부부~

메리였었다

크리스마스 선물인
메리, 왠지 모를 안
타까운 놀이 상대가
되고 말았다

딸아이
#25

딸아이 머리가 자랐습니다

차창~
보~무울

NEW
스타일
입니다

이젠 없어진
뻗친머리 (눈물)

꼬불꼬불
애교머리

돌이나 막대를
항상 들고 있다

지워지지 않는
예방접종 자국

배는 언제나
볼록

하루에 5번이나
갈아 신는 양말

2019년 4월23일
딸아이 · 첫 트윈테일
귀여워?
응~~귀여워! 정말 완전 귀여워!!
다 탄 향 끄트머리처럼 갈라져 있는 느낌
짜안아안
뭐야 정말 너무 귀엽잖아
나 역시 뭔가 들떠서… 3분 만에 쓱~ 완성한 모양이라니 ><~~~!!
너무 귀엽다고 할머니 할아버지랑 화상통화까지 했으면서 사진 찍는 걸 잇다니…

딸아이 #26

기저귀는 어디에?

딸아이 #27

아마도 같은 생각

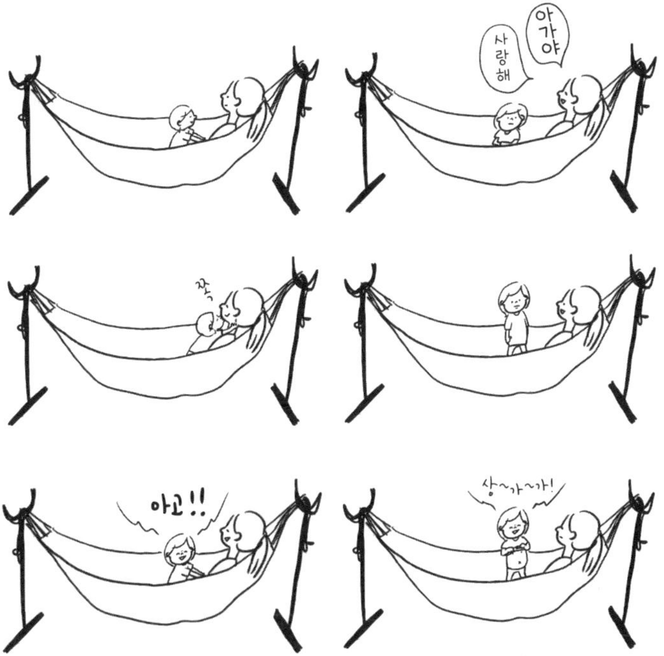

아가야
사랑해

쪽

아고!!

상~가~가!

말은 못 알아듣겠지만 뭘 말하고 싶은지 알 것 같아

딸아이의 히스토리

옹알이를 엄청 한다

축하해!!

수영선수 데뷔

방귀 냄새가
엄청 지독하다

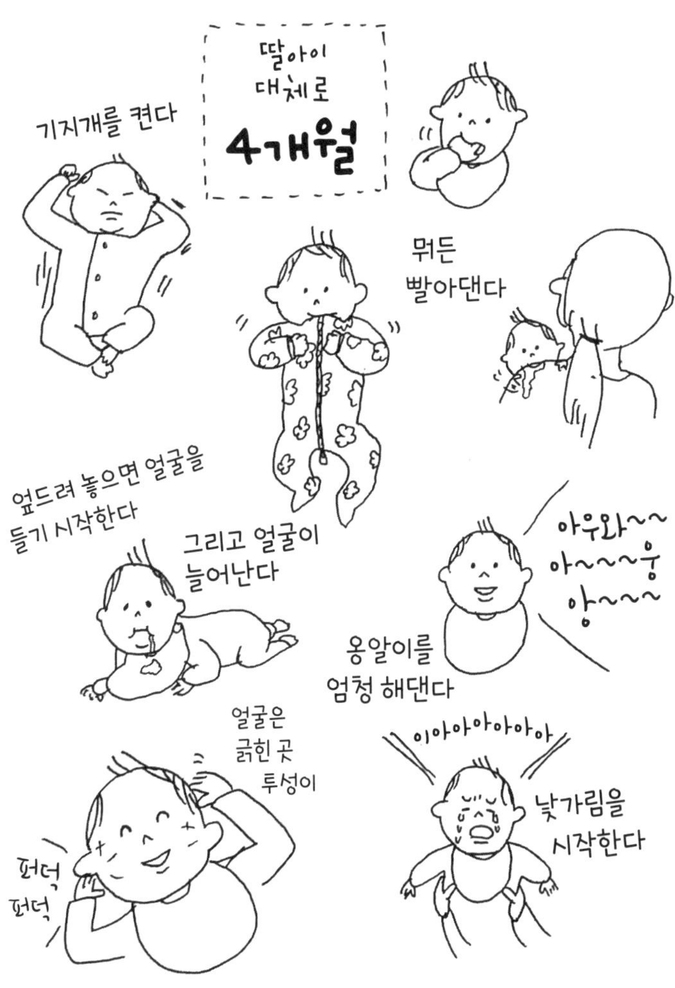
딸아이
대체로
4개월
기지개를 켠다
뭐든
빨아댄다
엎드려 놓으면 얼굴을
들기 시작한다
그리고 얼굴이
늘어난다
아우와~~
아~~~우
앙~~~
옹알이를
엄청 해댄다
얼굴은
긁힌 곳
투성이
퍼덕
퍼덕
이아아아아아아
낯가림을
시작한다

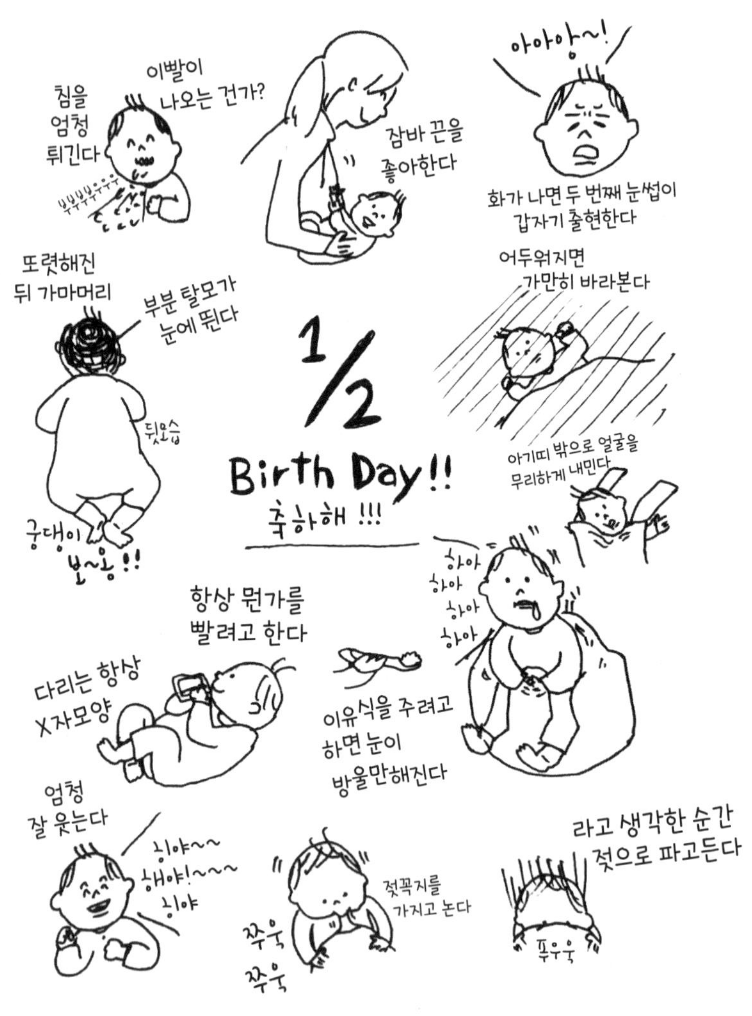
침을
엄청
튀긴다
이빨이
나오는 건가?
잠바 끈을
좋아한다
아아앙~!
화가 나면 두 번째 눈썹이
갑자기 출현한다
또렷해진
뒤 가마머리
부분 탈모가
눈에 띈다
뒷모습
궁댕이
보~옹!!
어두워지면
가만히 바라본다
1/2
Birth Day!!
축하해 !!!
아기띠 밖으로 얼굴을
무리하게 내민다
하아
하아
하아
하아
항상 뭔가를
빨려고 한다
다리는 항상
X자모양
이유식을 주려고
하면 눈이
방울만해진다
엄청
잘 웃는다
히야~~
해야!~~~
히야
젖꼭지를
가지고 논다
쪼옥
쪼옥
라고 생각한 순간
젖으로 파고든다
푸우욱

딸아이
1년 7개월
낯가림은
끝나지 않고!!
먹고싶포옹~
나도
먹고싶포옹~
아이스크림을 먹고 있으면
곁에 붙어서 칭얼거린다
최근 오빠를
괴롭히는 강도가
높아짐
와앗
그만해
베~
완전
수다쟁이
인간
청소기
부부
기분이 좋으면
비행기가 되어
어딘가로 뛰어감
양말은 항상
내동댕이

지금의 딸아이

"아직까지도 낯가림이 끝나지 않음"

자기가 좋아하는 거라
면 전부 끝없이 반복
다시!!
다시
읽어줘!!
이미
10번째
읽었잖아
~
웃어봐!!
억지웃음은 역시
이상해
무울
안 먹었쪄
물을 몇 번이나
마셔도 자기 전에
또 마시려고
한다
평화의
표시
자기 배를
보여주는 것이
미의식이 발달한 건지,
하루에도 몇 번씩이나
옷을 갈아입는다
이거
입을래

낯가림이 심하고 울보에 수다쟁이인 딸아이.
실은 태어날 때까지 줄곧 남자아이일 거라고 생각했었습니다.
"남형제인가~ 와일드해서 힘들지 모르겠지만 옷도 물려줄 수 있어서
다행일지도 몰라"라고 생각했지만, 출산하고 나니
"여자아이네요~"란 말에 남편과 저는 정말 많이 놀랬습니다.
출산의 감동보다도 먼저 "이름을 어떻게 짓지? 옷은 어쩌지?"라는
당혹감이 먼저 다가왔습니다(웃음).
입원 중에는 잠에 잘 드는 딸 덕분에
오로지 이름을 어떻게 지을까, 라는 생각만 했던 것 같습니다.
오빠가 마음대로 딸아이를 데리고 놀았지만 요즘엔 더 세져서
가끔 오빠를 울리기도 합니다.

2 장

아들녀석

아들녀석
#01

시쪄~ 시쪄~

아빠가 좋은 아들. 말을 시작할 때도 『아빠』란 말은 곧바로 나왔는데 유독 엄마란 말을 하지 않아 애가 탔었어요

아들녀석
#02

쓱~쓰윽

아들녀석
#03
짜~안!
끼이이이이이이익
질질질질
짜——안!!
힐끔
휙! 휙!
새 물티슈
쓰레기통
짜아아아아아안!!
어휴 짜~안이 아니란 말야

아들녀석
#04

물티슈 트랩

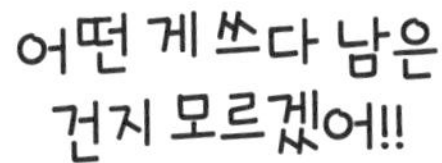

물티슈 쌓기 놀이를 엄청 해댈 때가 있었어요

아들녀석
#05

어떤 게 좋아?

밥 먹을 때
사용하는 턱받이를
거부할 때

시쩌!!

자아~
어떤 게 좋아?

......

턱받이 2개를
보여주고 직접
고르게 하면

이거

이거?
그럼 이걸로
할까?

빼끔
빼끔

신의 한수입니다

내가 가져온 양말은
싫어하면서
양말
신자!
시쪄!!
그럼
이 중에서
어떤 게
좋아?
스스로
선택하게 하면
엄청 골똘히
생각한다
갸우뚱 갸우뚱
음~?
방긋
긁적
긁적
호호, 역시
신의
한 수야
스스로 선택한다는
게 무척 중요한 건
가 봐

아들녀석
#06
도와주기
물티슈로 탁자나
바닥을 닦는다
마지막엔 그 물티슈로
자신의 입을 닦는다
빨래를
널어준다
잘되지 않으면
던져버린다
빨래를 갠다
엉망 진창
청소기로
청소를 한다
위~잉!
곧 싫증
낸다
내 등을
씻어준다
등을 씻은 비누 그대로
머리도 감겨준다
어릴 때부터 어른들이 하는 행동을 흉내내며 도와주려 애쓴 아들. 이 상태로 계속 배워줬으면 좋겠어

맘마
!!
아직 아기인
동생에게 포테이토를
먹이려고 한다
동생 기저귀를
버려준다
목욕이 끝난
동생 몸에
보습제를
발라준다
?
안아주었으면
할 때는 푹신한
방석을 스스로 준비
질질질질
으챠
으챠
여기
!!
?
안돼
!!
딸아이 위에 방석을 올리고
그 위에 앉으려고 했을 때는
정말 놀랐다!! 안 돼!!!
가만히…
이예~!
놀고 있는 오빠를 가만히
지켜보는 딸아이

아들녀석
#07

식사 후에는 항상

항상 이렇습니다

아들녀석
#08

맘마가 아니야

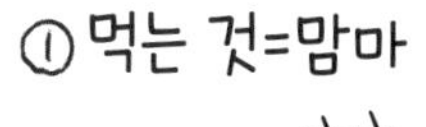

② 동생이 먹는 것=맘마

③ 엄마 찌찌=맘마?

그건 맘마가
아니란다 ♡

청소

방 청소는 하면 안 되는 일

어! 미안

위잉

엄만 깨끗한 집이 좋은걸

아들녀석
#10

포기를 모르는 남자

확실히 똥 냄새가 나는데도 『안했쪄!!』라며 도망 다니는 아들

아들녀석
#11

목욕 후의 감동

나 갈게~

드륵

기분 좋았지~
첫 목욕 후,
아들을 안았을 때
아들은 정말 작았다

그러고 나서
나는 매일 아들을
받았다
나 갈게~
드르륵
나 갈게~
드르륵
나 갈게~
드르륵
기분 좋았지~
자~ 부탁해

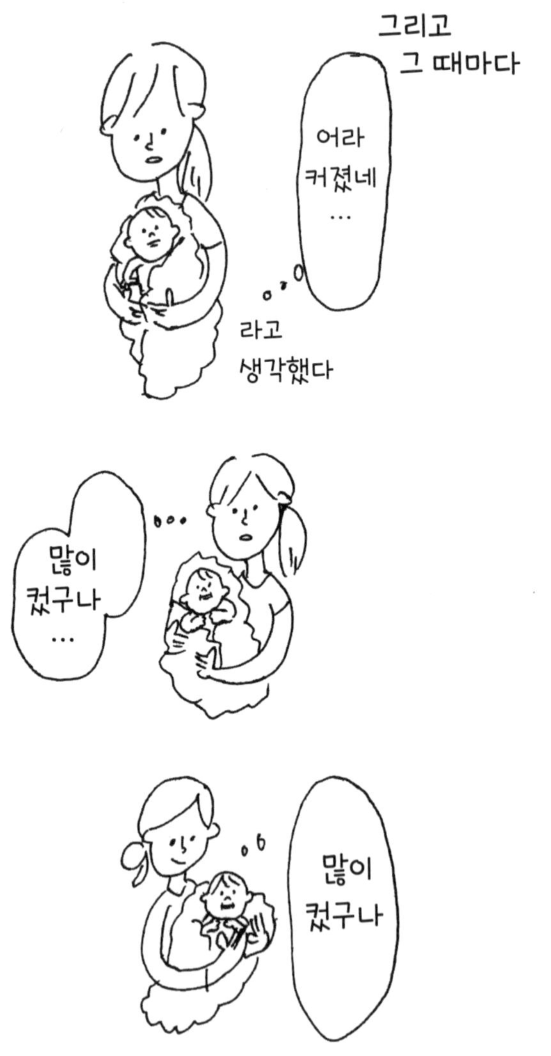
그리고
그 때마다
어라
커졌네
…
라고
생각했다
많이
컸구나
…
많이
컸구나

그리고
지금은
탁~
드륵
기분
좋았지
~
굉장해,
많이
컸구나
...
매번 스스로
걸어서 나오는 데
감동하고 있다

아들녀석
#12

크고 나서는

아아,
모처럼 자고 있는
아들의 코딱지를
꺼냈을 때~
이 쾌감~

새근~

↓

이거

그랬던
아들이
스스로
…!!

매번
내게 준다
…!!!

정말 어처구니 없는 일이지만, 그때는 정말 감동했었어요

아들녀석
#13

좋아하는 선물

생일선물로 산 거대한 연필모양의 블록. 집에 돌아올 때까지 계속 껴안고 있는 모습이 어찌나 사랑스럽던지

공룡 뼈

아마도 이런 모습을 떠올리며 놀고 있겠지
당연히 즐거울 거야

아들녀석
#15

화장실 시쪄

찻!
안 더러워 쪄?
응
게다가 화장실에 가게 되면
공룡팬티 입을 수 있어!
꺄~
공룡 팬티?
엄청 멋진 팬티지~
아웅
아웅 아웅

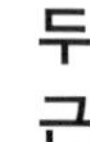

올해 가장 두근거렸던 사건일지도 모릅니다. 아리야 보고만 있을거니

오늘 같이
버스 타고 싶다고

두근

아리가 물잖아!!
하지만 전혀
듣고 있지 않은 아들

아들녀석
#17

소
~
온

안돼!!
손 잡자!!
시쪄어어어
정말~
손 잘 잡고
걸어야지
!!

손
안 잡으면
안 돼
으아아아
손
잡자니
까
혼자서
가면
위험해
자~
손 잡아야지
쏘~옥
기다려 기다려
손잡자
그래
손잡고
가야지
어~ 잠깐

무의미한 반복 학습 끝에 겨우 성과를 보는 것이 육아일지도 모르겠습니다

아들녀석
#18

입소 전의 센티멘털

매일같이 놀러다니던 곳들이 갑자기 애정 넘치는 곳으로 변하던 입소 전날이었습니다. 키울 때는 정말 힘들었지만, 지금 생각하면 모든 것이 추억으로 남는 다는 게 정말 신기해요

벌써 이 녀석이
유치원에
가다니
흑흑
아흑 아흑
이 강도 한 때는
매일 지나다녔었는데

동화책 코너

이 동화책 코너는 여름이 되면
정말 많이
왔고
에어컨도 나와서
정말 신세 많이
졌지만
벌써
우리
아들이
유치원에
간다니 흑흑흑
동화책 코너
온 김에 장도 보고
임신 중에도 자주 왔었지

계절 변화를 느낄 수
있는 곳이라서 좋았는데
벌써 우리 아들이
유치원에 가다니
흑
아아
이 공원도 아들과 같이
산책도 하면서 벚꽃도 보고
민들레 씨도 불고
단풍도 구경하고
돌도 주웠는데,

입소 2주일 후

4월초의 아들

삐까번쩍한 모습

입소하고 2주일이 지난 아들

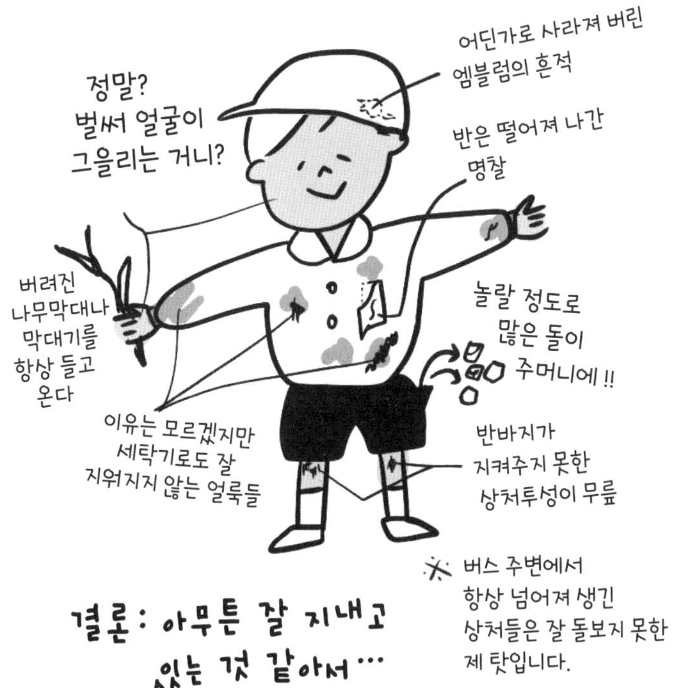

※ 버스 주변에서
항상 넘어져 생긴
상처들은 잘 돌보지 못한
제 탓입니다.
ㅠㅠ

결론: 아무튼 잘 지내고
있는 것 같아서…

아들녀석
#20

아들의 입원

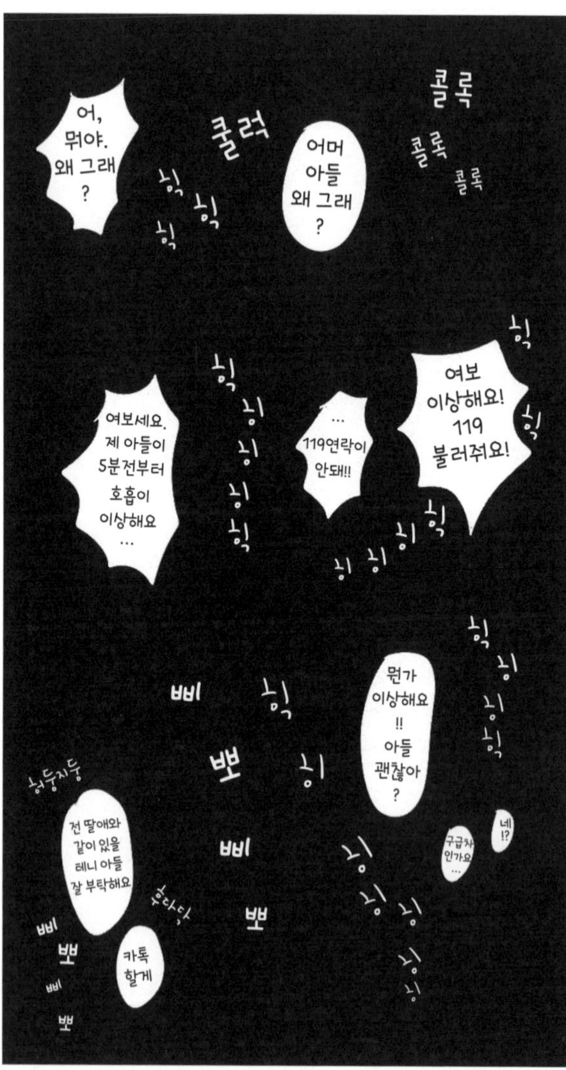

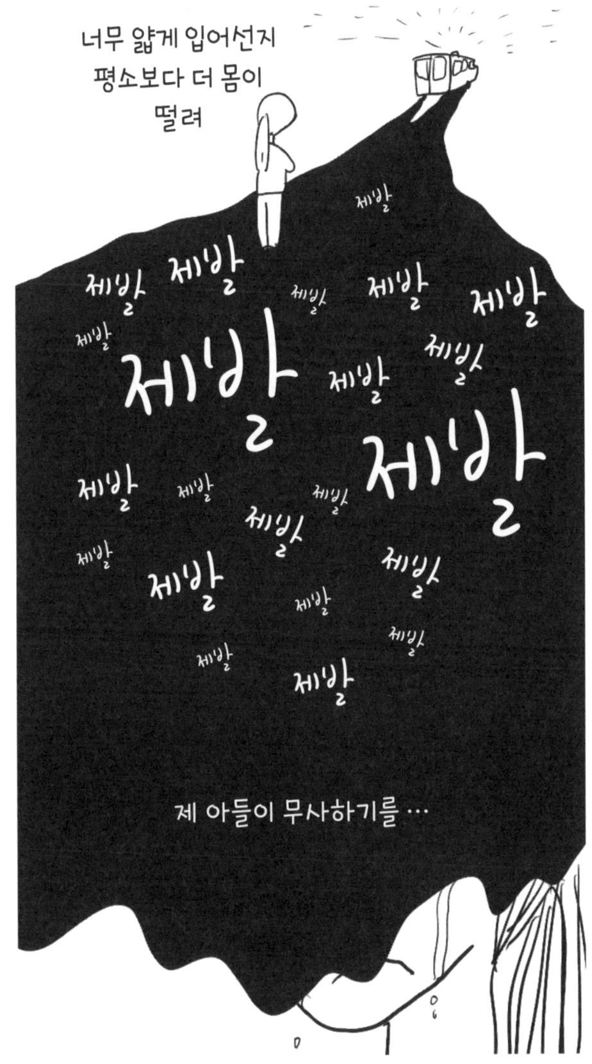
너무 얇게 입어선지
평소보다 더 몸이
떨려
제발
제발 제발
제발
제발
제발
제발
제발
제발
제발
제발
제발
제발
제발
제발
제발
제발
제발
제발
제발
제발
제 아들이 무사하기를 …

딸애는
2층에서 자고 있고
고요한 거실에서

오로지 하느님에게
기도하면서 오늘 일을
생각했다

오늘 아들에게
한 번도 소리치지 않아서
다행이었다

오늘 자기 전에
『아들 사랑해』라고
말해줘서
다행이었다

오늘 아들과
함께 산책할
수 있어서
다행이었다

맞아 예전에 모자가
떨어져 버렸지
어머, 저기 봐.
그림자가 보여!
엄마 시냇물이에요
시냇물?
엄마 내 모자
봐봐 아들
멋진 포즈 취해봐
사진 찍어 줄게

어때?
좋아요!
사진 예쁘게
찍혔네

만약 아들이 건강해지면

아들이 가고 싶어한 곳은 전부 가볼 테야

응석부릴 때도 꽉 껴안아 줄 거야

이제 내 일을 방해해도 화내지도 않을거고

아주 많이 많이

아들 사진도 찍어 줄 거야

그러니까

그러니까

그러니까

새벽 2시경에
남편으로부터 사진이 왔다

사진에 찍힌 아들 모습이
너무 귀여워서 엉엉 울었다

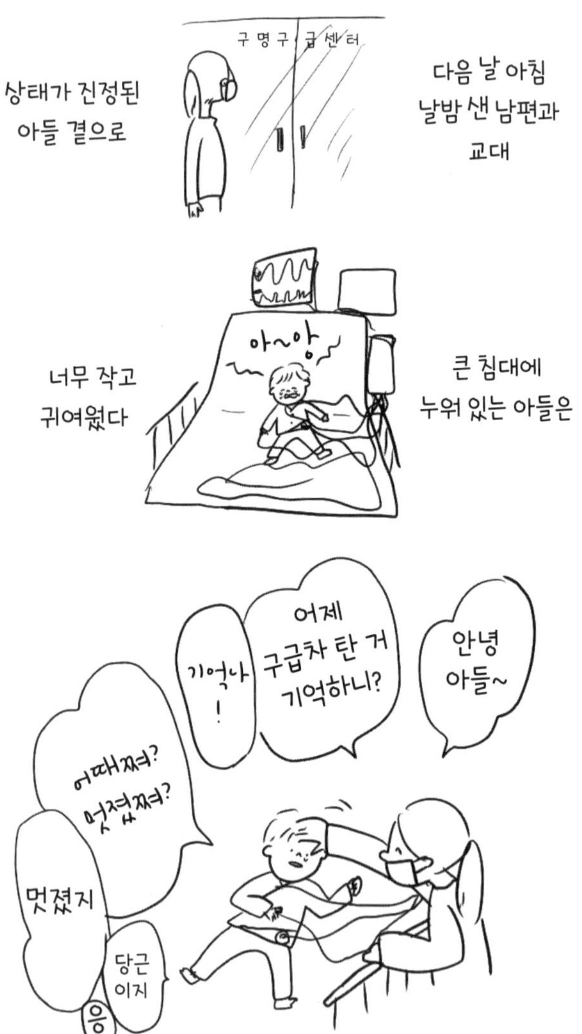
구명구급센터
상태가 진정된
아들 곁으로
다음 날 아침
날밤 샌 남편과
교대
아~앙
너무 작고
귀여웠다
큰 침대에
누워 있는 아들은
안녕
아들~
어제
구급차 탄 거
기억하니?
기억나
!
어때쪄?
멋졌쪄?
멋졌지
당근
이지
응

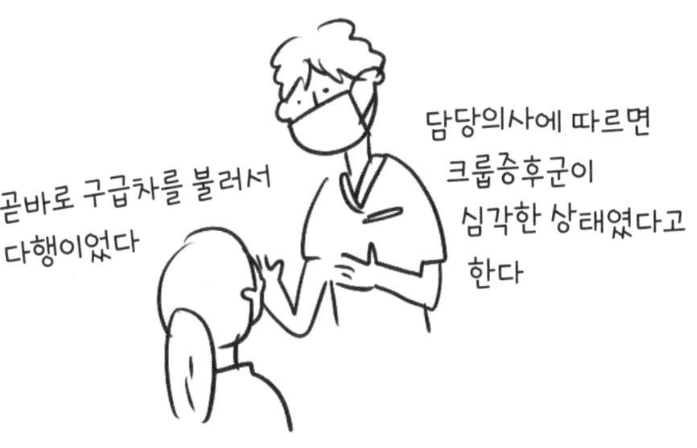

- 링겔을 맞고 지금은 안정을 찾았다는 것과
- 며칠 입원을 해야 한다는 것과
- 간병인이 필요한 것과
- 아들이 아이 같지 않게 정말 잘해주었다는 것

멋지지
멋져
휠체어로 이동한다
만나는 사람마다 방글방글 웃어주는 아들
방글
방글
방글
방글
방글
방글
아구 너무 귀여워
똑똑한 녀석 이네
귀여워
와 얌전하네

방글
방글
방글
방글
방글
처음 봤다
이렇게
웃는
아들 얼굴
방긋

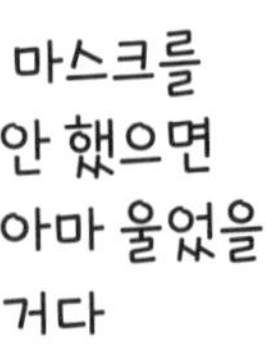

마스크를
안 했으면
아마 울었을
거다

마스크를 해서
다행이었다

고작
3살인데

글썽이는
눈을 하고선
필사적으로
방긋 웃는 아들

고사리 손을 꼭 잡고, 건강해지면
공룡 뼈 찾으러 가자고 약속했다

모처럼 핸드폰 게임을
허락하고
안 쓰는 스마트폰을
건네주었다

놀랄 정도로 머리가 돌아가지 않는다

밤에는 남편이
아들과 병실에서 자고
나는 딸애와
집에서 잤다
그러고 나서
휴가를 낸 남편과 교대로
아들을 간호하기 시작했다

딸은 항상
이리저리
날뛰고 힘이 넘쳐서
덕분에 오늘밤에
아들이 또 발작을 일으키면
어쩌지 하는 여러 가지
걱정에서 벗어날 수 있어
고마웠다

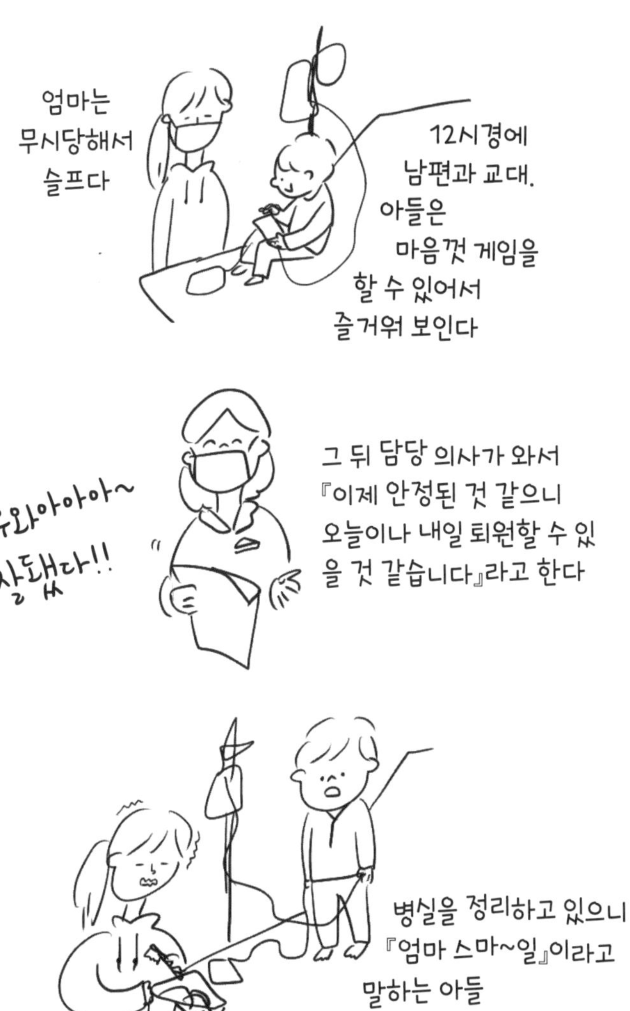
엄마는
무시당해서
슬프다
12시경에
남편과 교대.
아들은
마음껏 게임을
할 수 있어서
즐거워 보인다
그 뒤 담당 의사가 와서
『이제 안정된 것 같으니
오늘이나 내일 퇴원할 수 있
을 것 같습니다』라고 한다
우와아아아~
잘됐다!!
병실을 정리하고 있으니
『엄마 스마~일』이라고
말하는 아들
고마 해라 마이 무따…

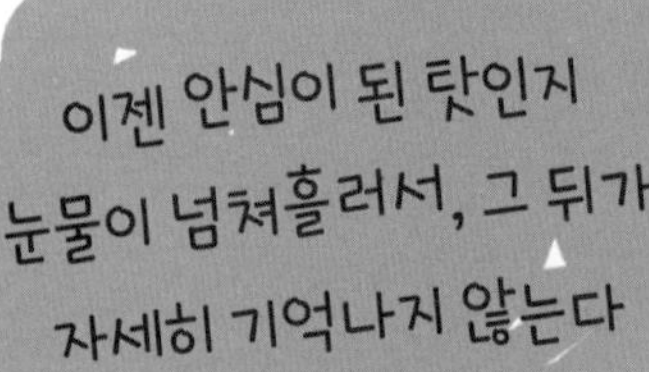

이젠 안심이 된 탓인지
눈물이 넘쳐흘러서, 그 뒤가
자세히 기억나지 않는다

기억나는 건
우리가족 모두
집으로 돌아
왔던 것

그리고 다 같이
목욕을 했던 것

아들이 있다.

눈물이 난다
이런 건

너무 행복해서,
눈물이 난다

처음 접한 구급차, 첫 입원. 내 아이가 아무 일 없이 건강하게 내 옆에 있는 것만으로도 이렇게 행복할 줄이야, 지금까지 알지 못했습니다. 우리 가족에게 정말 큰 사건이었던 것 같습니다

아들녀석
#21

꼬까옷!

딸애는 옹알이 까꿍에 빠져있다

정말~ 천사들 아니야?

아들녀석
#22

아들의 히스토리

아들녀석
#23

3살 축하해

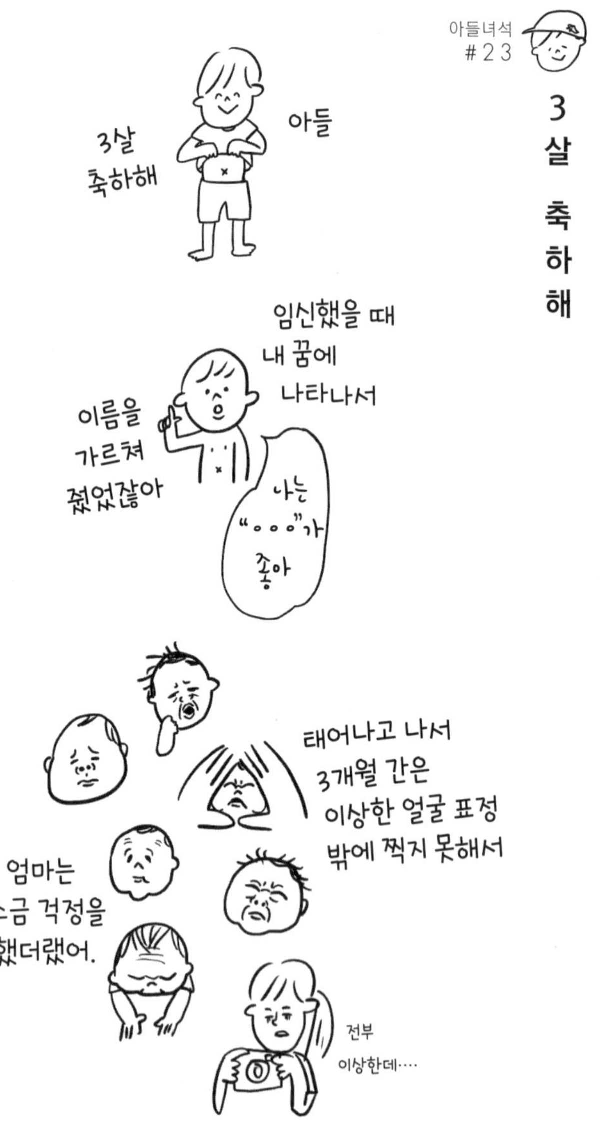

지금까지
여러 가지 일이
일어났었지
끼잉!
의자에
끼여서
나오지
못하기도
하고
클레이를 코에
쑤셔 넣는다든지
그땐 정말
아찔했어
울룩
불룩
벽지를 뜯어
놓는다든지
모기에 엄청
물리기도 하고
머리를 깎는 도중에
거부하기도 하고
NO!
가만있어!
아직 반 남았어!
아기 침대에서
떨어지기도 하고
건강하게 커줘서
고마워
순식간에
오빠가 되어있네

아들녀석
#24

사춘기가 되면

아들이 사춘기가 되면
기억해내야지

코디 감각이
엉망진창이었던 일

형님들이 모여 있는 곳에서
우쭐대듯이 호빵맨 차를
타고 다닌 일
탈탈탈탈

그리고 엄마아빠한테
꼭 붙어 있지 않으면
잠들지 못하는 것

응석쟁이였던 것

지금의 아들

밥 먹는 속도가 너무 느리다

아직 미숙한 단어들이
너무 귀엽다
푸켓
포켓
방 바 지
반바지
안갱
안경
북곡 곰
북극곰
으리 케라 빱 츄
트리케라
톱스
공 버 래
공벌레
숫 가 락
숟가락
망들어 주쪄서 고마압습니다 앙~
엄마 빠아압 맛있쪄옹!!
날 들었다 놨다
하는 녀석
Z
Z
Z
아기였을 때부터
줄곧 이 자세로
잔다
커져버린 손!!
그리고
생각나는
기억들…
어느
사이엔가
우는 얼굴은
아기였을 때와
같다
우와와와와앙

몸무게 3,900g으로 크게 태어난 아들.
울음소리도 몸도 다른 아이보다 커서
병원에서는 "빅 베이비"라고 사랑을 받았습니다.
신생아 때는 할아버지 얼굴처럼 쭈굴 쭈굴했는데
좀 크니까 젊어진 것 같은 느낌이 들었던 기억이 있습니다.
아들의 성별을 알게 된 다음 날 꿈속에서 남자아이가 나와
"난 ○○○가 좋아"라고 했고 우리 부부는 그 이름으로 결정했습니다.
언젠가 자기 이름을 어떻게 지었는지 묻는다면
"네가 꿈에 나타나서 가르쳐 줬어"라고 말해주고 싶습니다.

3 장

오빠와 여동생

오빠와 여동생
#01

콧물

…에취

자아~

에~잉!

흥 흥

자아~ 콧물 닦자

방긋~

동생한테 뭔지 모를 경쟁의식을 가진 오빠

동생의 역습

동생에게 발을 핥게 한다든지 동생의 발을 핥는다든지 제멋대로였습니다

함박웃음으로 습격
해오는 동생의 공포

최근에 노는 방법

깔깔깔

깔깔깔

깔깔깔

까악-!!

벌러덩

밀어 넘기는 놀이

깔깔깔

펑 펑 펑

캬하

배 때리는 놀이

비즈쿠션에 태우고
끌어주는 놀이

질질질질

하하하하하하하

정리해 놓은 공룡을
마구 던져버리는 놀이

캬하하

!

아들과 딸애
의 놀이
2018 년 가을 모음

사이가 좋은 건지 나쁜 건
지…… 위험천만한 놀이뿐
이라 간담이 서늘하답니다

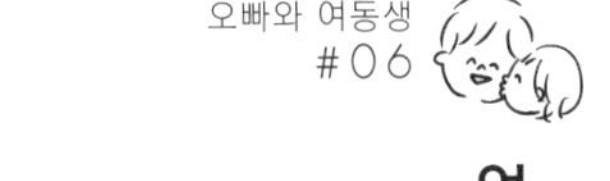

엄마 쟁탈전

아들녀석을
혼자 놀게 하기
일쑤

딸애가
낯가림이 심해서
엄마 껌딱지라

딸애가
좀 떨어져 있는
틈을 타서

아들을
부르면

뛰어드는 것이
애처로운데

뛸 듯이
기뻐하며

딸애는
그것을 보고
엄청 울어댄다

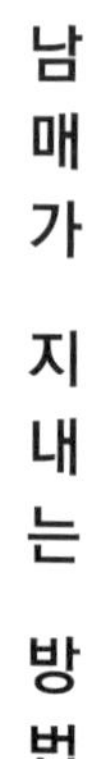

요즘 남매가
지내는 방법

동생이 머리를
부비부비
만져주니
기분이 좋은듯

까~

까~

동생이 소릴 지르면
같이 소리 지르기

동생 손을 잡고 걷기
.... 제발!!!

이아아아앙

안 돼!!

질질질

엇!

아기

TV에 나오는
아기들은 전부
여동생으로
착각함

포근 포근

옆에 같이
재우면
행복해함

2018. 1. 24

모처럼
잠든 딸애를
무리하게
안는 아들
안겼지만
그대로 자고
싶은 딸아이
안는 것이 힘든지
곧바로 손을 떼버린다
제멋대로인 오빠에게
당하고만 있는 딸아이
최근
오빠와
동생
꾸욱 꾸욱
아들녀석이
요사이
좋아하는 포지션
아파라
벽
소파
부우웅~
부우웅~!
여동생 머리에
장난감 차를
달리게 한다
자고 있을 때
꼭 만지려고 한다
그만둬
그만둬
아앙
새근
자~
오빠한테도
쪽 해줘~
씨져~
여동생의
뽀뽀를
부끄러워하며
피한다
H29.11.11

까꿍 엄마 없~다

까꿍
까꿍
엄마
없~다

변함없는
엄청난 시간차
꺄학

까꿍
까꿍
엄마
없다
쿵
쿵 쿵 쿵 쿵
어····
이 리액션은
뭐지
···

오빠와 여동생
#09

눈을 뗀 순간

눈을 뗀 순간
엄청나게 떨어져 있다

눈을 뗀 순간
엄청나게 어질러져 있다

오빠와 여동생
#10

연기

낼름

낼름

낼름

히~잉

← 거짓 울음

아앙

우리가 가면 이렇게 된다

무시당하는 엄마
는 슬포

사랑스런
아들
~
♡

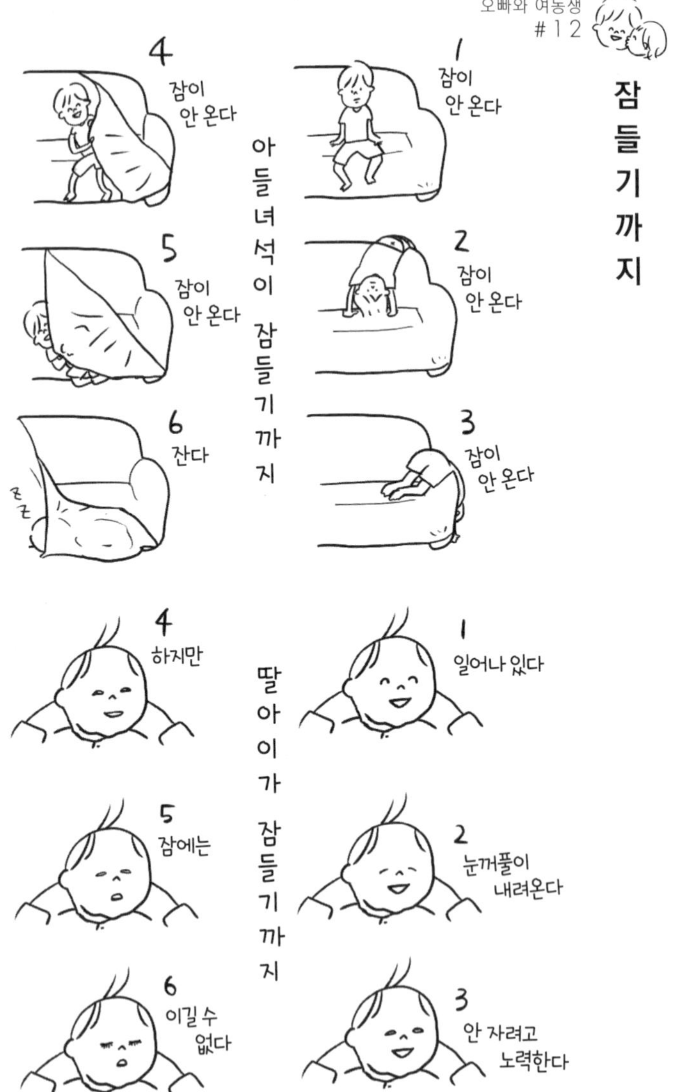

오빠와 여동생
#12
잠들기까지
아들녀석이 잠들기까지
1 잠이 안 온다
2 잠이 안 온다
3 잠이 안 온다
4 잠이 안 온다
5 잠이 안 온다
6 잔다
ZZ
딸아이가 잠들기까지
1 일어나 있다
2 눈꺼풀이 내려온다
3 안 자려고 노력한다
4 하지만
5 잠에는
6 이길 수 없다

귀성

1일째
히~잉

2일째
힝

3일째
힝

4일째

5일째

6일째
히~~잉

7일째

8일째

9일째
홱
....

1일째
장난감 세트
GET
하부지
하무니

2일째
하부지
하무니
포도 따러가서
대량의 포도
GET

3일째
평소
먹지 못하는
쥬스캔
GET
하부지
하무니

4일째
수족관에서
잉어 밥
GET
하부지
하무니

5일째
하부지
하무니
배
GET

6일째
하부지
하무니
본가에서
잠들어 있던
게임 GET

7일째
하부지
하무니
장난감
콜렉션……은
관람만

8일째
열차에서
도시락
GET
하부지 하무니

9일째
새 옷
GET
하부지
하무니

핸드폰 타임

라이벌

이 상 한 놀 이

아이들이란 조금 만 눈을 마주쳐도, 손으로 툭 건드려도, 어른들한텐 아무렇지도 않은 일들을 굉장히 즐거워하는 것 같다

스스스스
이에에에에잇!!
부웅
이에에에엣!!!
아아아앙
으~무거워…

공룡

다이소에서 산 공룡이
마음에 드는 두 녀석
가요~
갸갸

맘마야(밥)~라고
손을 내미니 먹으러 온다
콩!
맘마~
공룡이라고
말하는 것 같음

이야
어느 날 별생각 없이
집을 그려줬더니

오빠와 여동생
#18

햅쌀

이렇게 해서 작년에 우리 네 식구가 먹은 쌀만 180킬로가 되었습니다.

오빠와 여동생
#19

절대 안 움직여

절대
안 움직이는구나
⋮

라이벌 2탄

이제 2살이 되지만 지금도 딸애의 행동은 변하지 않네요

오빠와 여동생
#21

조건반사

후후후후....

바스락

과자

과자 봉지를
뜯는 소리가
들리면

과자

애들이
귀신같이 찾아온다.

러그 위에
방석을 놓으면

툭

투욱

애들이 꼭
누우러 온다.

네네~!

벌러덩

내 뺨을
콕콕
찌르면
일을 시작
하려고 하면
쪽
해 준다.
아아아앙
애들이
안아달라고
온다.

오빠와 여동생
#22

요즘 놀이 방법

동생 흉내를 내며 논다

동화책을 보여준다

둘이서 소꿉놀이를 한다

한나야

네엥

고양이 소리

딸애를 부르면 아들녀석이
고양이 소리로 대신에 대답해준다

빵 조각
먹이기

둘이서 하는
공놀이

저를 미소 짓게 하는 놀이를 시작하게 되었습니다

방긋 방긋

시켜서 하면 억지웃음이 돼버리는 둘

오빠와 여동생
#24

대피

오빠 날 봐

귀여운 옷을 입거나 모자를 쓰거나 하면 제일 먼저 오빠한테 보여주는 딸아이. 오빠가 제일 좋은 거지!

쓰레기통

한때였지만 쓰레기통에 쓰레기를 버리는 게 취미였던 적이 있었습니다

오빠와 여동생
#27

고르고 고른 책

최근에는 카메라 카탈로그와 장난감가게의 전단지를 가져오고 있습니다

지금의 남매

쪼~쪼옥 해줘 ♡
귀찮아 저리가
들이미는
빼는
시져
여기 와봐
빼는
들이미는
들이미는
옆에 앉아도 돼?
……
우아아아아아아아아앙
빼는
가끔은
에헤 헤헷 쪽 해줬져!!
쪽
이럴 때는 행복해

아들녀석이 한 살 반일 때쯤 두 번째 임신 사실을 알았습니다.
하지만 그때는 기쁨 반과, 『하나도 이렇게 힘든데 둘이나 키울 수 있을까…』라는 불안 반이었습니다.
아들녀석이 너무 와일드해서 입덧 중에도 쉬지 않고 몸을 움직였더니 예정일 2개월 전에 절대 안정을 취하라는 소리를 들었고…
태어날 때까지 힘든 점이 많았습니다.
딸애가 태어나고 나서는 둘이 동시에 달래는게 너무 힘들기도 하고, 서로 약속이나 한 듯이 교대로 낮잠을 자니까 『제발 좀 같이 자라~!』라고 생각하기도 했습니다.
서로 싸우기도 많이 했지만 남매가 서로 즐겁게 노는 모습을 보고 있노라면 『역시 애들이 있어서 정말 좋은 것 같아!』라고 가슴 뭉클해하기도 합니다.

4 장

우리는 가족

우리는 가족
#01

이런 집에서 살고 싶다

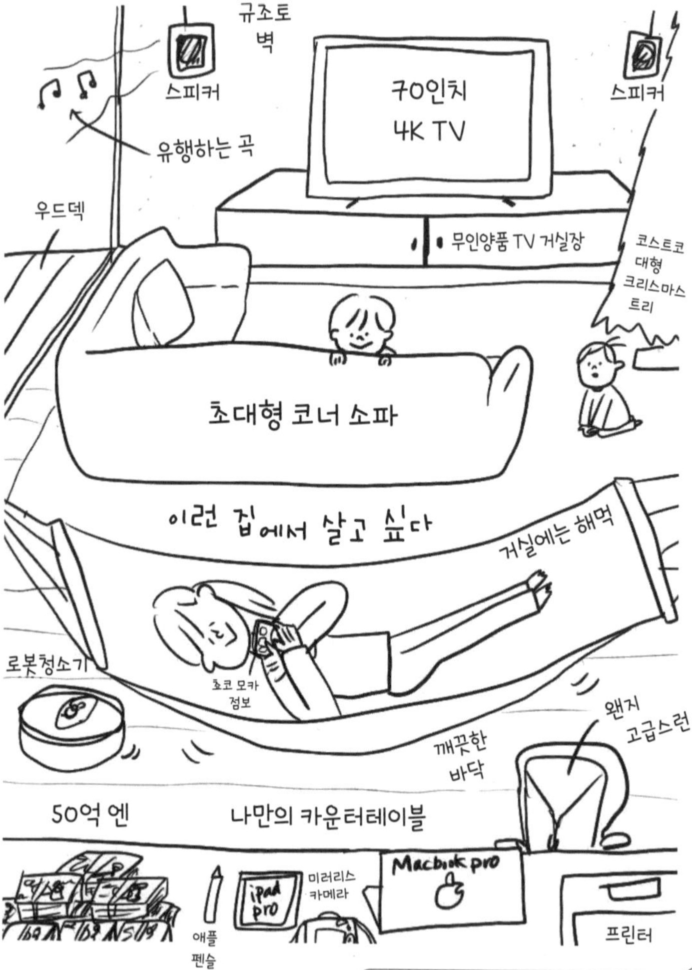

너무 피곤했었던 어느 밤, 현실도피 낙서. 이런 집에 살고 싶다

홈씨어터
가정용
플라네타륨
금덩이
개인
해변
호텔에서 사용하는
포근한 쿠션
고급
매트
리스
진주
진저에일
밤새도록 일어나지
않는 애들
최고급 오리털 이불
킹사이즈 침대
로봇청소기
스크린
THE
GREATEST
SHOWMAN
다음날이 휴일로 바뀌는 벨
아침식사를 가져오는 벨
맛있는 과자를 가져오는 벨
전신 마사지사를 불러주는 벨

가득 찬
수납장
ㄷ 자 모양 부엌
(해외풍)
매일 7시에 귀가해서
같이 저녁을 만들어
주는 남편
헬시오
핫쿡
마녀 배달부 키키에 나오는 화로
고급 후라이팬
음식물 쓰레기를 분쇄해주는 곳
절대로 깨뜨리지
않고 그릇을 씻어
주는 식기세척기
쿠키를 잔뜩 구울 수
있는 오븐
다같이 꺄악~우후훗
쿠키 만들기
(아무도 울지 않고 아무도 화내지 않는다)

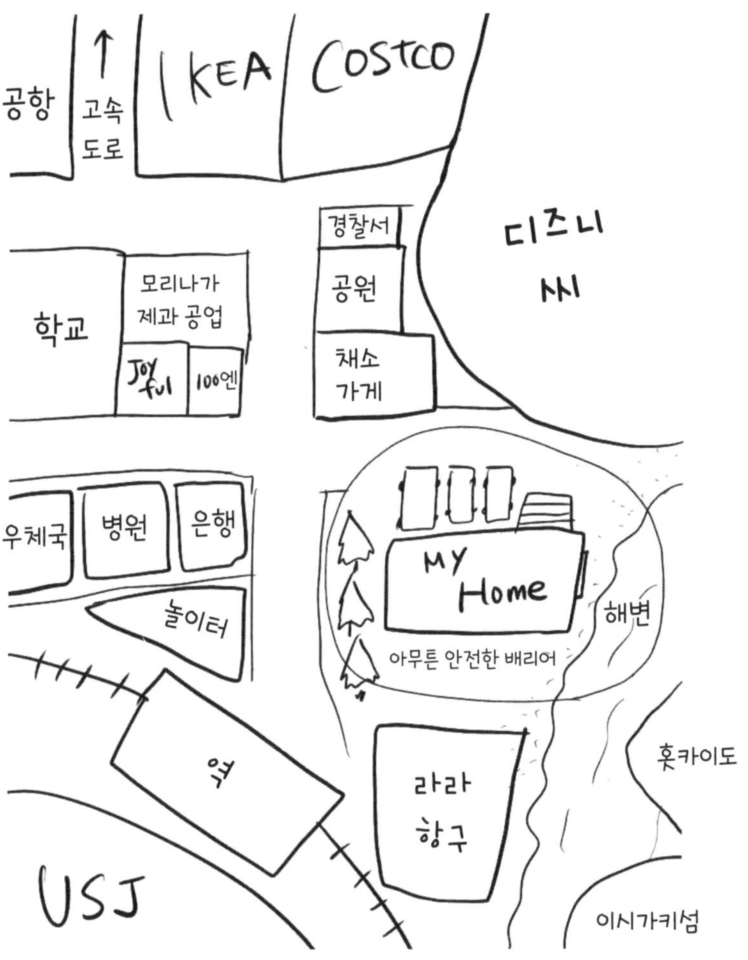
IKEA
COSTCO
공항
고속
도로
경찰서
디즈니
씨
모리나가
제과 공업
학교
공원
채소
가게
Joy
ful
100엔
우체국
병원
은행
MY
Home
놀이터
해변
아무튼 안전한 배리어
역
라라
항구
홋카이도
USJ
이시가키섬

우리는 가족
#02

미적대는 모자

제발 나가줘

제발 나가줘

1

볼일 보는 중에
아들을 위해서
언제나 문을
잠그지 않는다

2

철컥

역시
아들
녀석이
오는구나
…

지금도 제가 화장실에 가면 아이들이 보러 옵니다

잠들기까지의 먼 길

잠들기까지의 먼 길

① 침대 옆 선풍기 앞에서 아~아~

② 오빠가 동생 영역으로 파고 든다

③ 동생이 오빠 영역으로 파고 든다

아이들을 재우는 일은 전쟁 그 자체였습니다. 매일 반복되는 전쟁

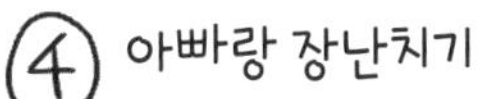
④ 아빠랑 장난치기

⑤ 강제 수유
⑤ 슬퍼한다

⑥ 앗~ 잠 오는 거 같다!
⑥ 앙~앙~운다
꾸벅
꾸벅…

⑦ 자는가 싶더니 부활!
......
⑦ 아빠와 1층으로
⑧ 다시 아~아~
아아
⑧ 1층에서 잔다
z z z
z z z
⑨ 강제수유×5
⑨ 한밤중에 2층으로
잘 자요

우리는 가족
#05

배려

서로 자기식으로 시
원하게 해주는 것이
너무 귀여웠습니다

재우기의 달인

① 아빠와 놀기

② 침대에 들어가 불끄기

③ 부부 둘이서 이야기를 한다

④ 부부 이야기가
지루해서 잔다

남편의 이야기가 너무 지루하면 저도 깜박 잠들어 버린답니다

피곤한 날

몸도 마음도 피곤해서
방 한켠에서
스마트폰을 보고 있노라면

웃통을 벗고
캔 박스를 타고 오는
아들녀석과
코 흘리며 다가오는
딸애가 마중합니다

축 처져 있어서 미
안해. 그럼 잘까!

『오늘은 도저히 안되겠어』라고 생각한 날의 대처법

1. 하~ 큰 한숨을 내쉰다

2. 오늘은 아무것도 안 할거야! 라고 결정해 버린다

3. 평소엔 못먹던 것을 먹고 에너지 충전

4. 커튼을 모두 젖히고
일광욕을 한다

5. 일단 청소기만 돌린다

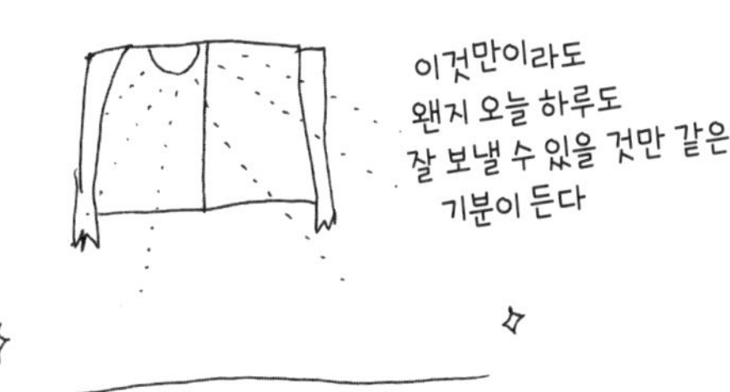

출산 후 여러 가지 스트레스 해소법을 써봤는데 지금은 이 방법이 기분을 바꿔주는데 가장 도움이 됩니다

우리는 가족
#09

눈 위로 뜨기

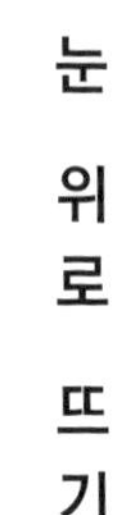

우리는 가족
#10

철벽방어

둘이서 일치단
결로 방어하고
있습니다

우리는 가족
#11

남편의 귀가

나 왔어~

왔어요!

아~ 빠당!!

앙!!!

안아줘!!
안아줘!
안아줘!
안아줘!
안아줘
!!
아
앙 아
아아아
아 아 아
안아줘!!
안아줘!
안아줘어어어
안아줘!
안아줘어어
!!
아
앙 아
아아아
아 아 아

체력이 바닥나 널부러졌을 때
→ 할인하는 과일을 사갖고 온다

잠을 못 자서 헤롱헤롱하고 있을 때
→ 일어나서 자기 도시락을 만든다

아들을 재우고, 밤에 울면
전부 돌봐준다

주말은 아들과 같이 밖에서
2~3시간 같이 놀아준다

일요일에는 저녁을 만들어준다

보리차가 얼마 남지 않으면
항상 새로 만들어준다

내가 한계가 왔을 때는 그저,
말없이 안아준다

자기가 불리해지면 모르는 척한다

모기

작년 여름….난
어떤 적과 싸우고
있었다

어린이용
모기 기피제 등
쉬~익
어린이
어린이
슈~
모기 퇴치제,
모기향으로는
막을 수 없어서
마지막으로
모기에게 물릴 것 같은 아들
내가 내 아들을
지키겠어!
일격
필살
!!
팡 팡
그리고…
팡
파앙
Nooooo!!
아아아앙
불쌍해
결국은
물리고 말았다
올해도 엄청 물렸
지만 전처럼 붓지
는 않게 되었다

우리는 가족
#14

추억

기억해 보면
우리 부모님은
저에게
많은 경험을
시켜 주었습니다

베란다에
이불을 깔고
별똥별을
보게 한다든지

방안에 텐트를 쳐서
캠핑을 즐기게
한다든지

① 화장실
― 휴지 홀더를
봐

서랍장
맨
위에

② 목욕탕을
뒤져라

집안 구석구석을 이용한
보물찾기 놀이를 한다든지

차 뒤 좌석을 눕혀서
밤새도록
여행을 한다든지

(이제는
불가능하겠지만…)

부모가 돼서
갑자기 기억하
게 되었습니다
어른이 되면서
잊혀진 기억을
아이들에게도
그런 추억이
남아있으면 좋으련만

혼자일 때 · 둘일 때 · 넷일 때

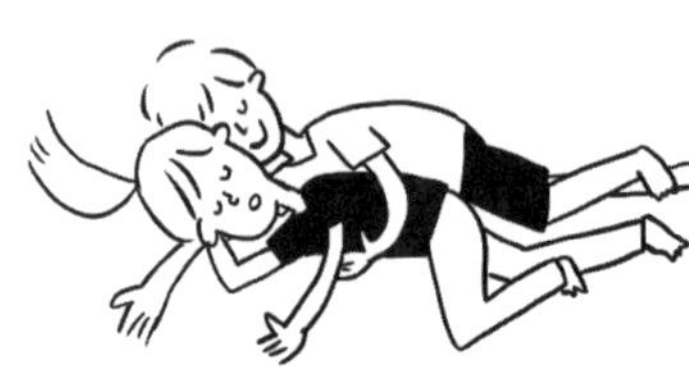

우리는 가족
#16

기쁠 때

목욕하고 있는
걸 보러 온
3인조를 봤을 때

휴일
전날

『이리와~』라고 하면

내 곁으로 와 주었을 때

남매가 사이 좋게
놀고 있는 모습을 봤을 때

기적처럼 둘 다 잠들어서
영화감상을 할 때

휴일 아침 뒹굴 거리며
그날 할 일을 결정할 때

자는 얼굴을
볼 때

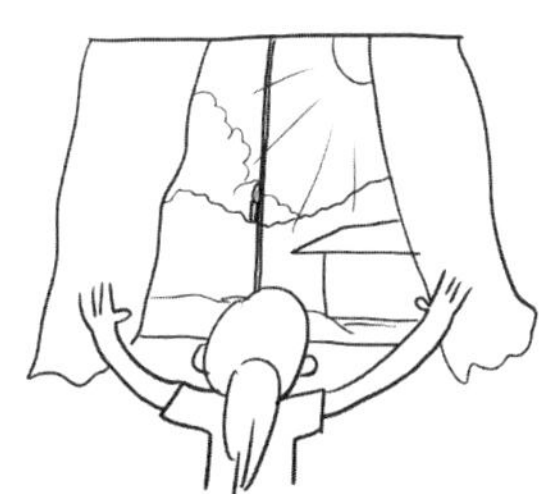

엄청 더운 날에
선선한 방에서
푸른 하늘을 볼 때

슬플 때

애들이 너무 귀엽게 찍혔는데
내가 너무 이상하게 나와서
아무에게도 보여주지 못할 때

몰래 숨겨둔 간식을
아들에게 들켰을 때~

한밤중에 애들이
뛰어놀 때~

딸에게 아들녀석의
기저귀를 입혔을 때~

186회 쯤에 완결인 애니를
반복해서 볼 때~

눈물이 나올 것만 같을 때

자고 있는 애들의 얼굴을 볼 때

애들이 내 얼굴을 바라보며

애들 눈동자에 내가 비칠 때

고사리 같은 손으로 날 꼬옥 안아 줄 때

하지못했던 일들을 어느 사이엔가 할 수 있게 되었을 때

내가 화를 냈는데도 울면서 내게 안기러 올 때

완전 집중해서 미간에 주름이 잡히는 걸 볼 때

그리고 웃으면서 날 쳐다볼 때

그리고 눈깜짝할 사이에

태어나자마자 본 자그마한 발이라든가

오로지 누워서 꼼지락 거리는 것밖에 못했던 모습이라든가

여리고 작은 생명체가 어느 사이엔가

이렇게 커버렸다는 것에

깜짝 놀라서

왠지 모르겠지만

눈물이 나올 것만 같은 일이

자주 있다.

손톱깎이

아빠
부탁
해요~
손톱깎이가
싫은 딸아이
시져
따딴따라란~!!!
야야야얍~!!!
남편은
딸애의 넋을
빼놓는 역할을
합니다.
따딴따라란~!!!
따딴따라~!!!
싹둑
빤짝
슷슷슷슷슷슷슷슷

우리는 가족
#20

매일 그 자리로

남편한테까지 부모 마음

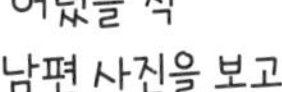
어렸을 적
남편 사진을 보고

현재의
남편을 보면
다녀왔어요 ~
아빠앙 !!

부모 마음이 넘쳐난다
저렇게
작았던
아이가
이렇게 커서,
더군다나
아이까지
じーん

그런 말 안 했어

아빠가
뭐라고
했어?
『빵빵빵』
해써!!

우리는 가족
#23

도루묵

이야야야아앙!!

겨우 딸애를 재웠는데 아들녀석이 깨웠을 때

으앙앙

쯧쯧쯧

둘이서 같이 울어 대는 차 안

우아아아앙아앙

우아아아 아아앙아앙

흑흑

아아아아아앙앙

이럴 때

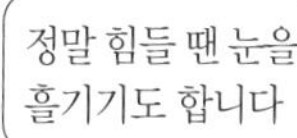

우리는 가족 #24

~하면 가자

일주일 중에 며칠 간은 이런 느낌입니다

딸애가
일어나면
가야지
공룡
도감
간식 먹고
가야지!
오늘은
집에 있자!!

우리는 가족
#25

역시 다가온다

내 곁으로 와 주는 건 좋은데 더운 여름날 모여들면 너무 덥고 좁아서……

뭔가 즐거운 금요일 밤

금요일 밤은 왜 이렇게 기분이 들뜨는지. 내일이 휴일이라는 행복감, 최고입니다.

이리저리 준비해도

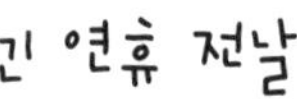

긴 연휴 전반

긴 연휴 후반

기온차가 심했던 긴 연휴에 보기 좋게 당했습니다. 그리고 꼭 이럴 때 하루에 몇 벌씩 더럽히는 아이들

우리는 가족
#28

최고

시골집으로 오길 잘 했다~ 라고 생각하는 순간입니다

큰 힘

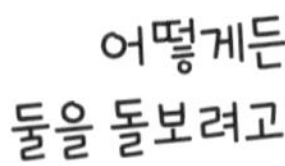

아이가
태어나고

어떻게든
둘을 돌보려고

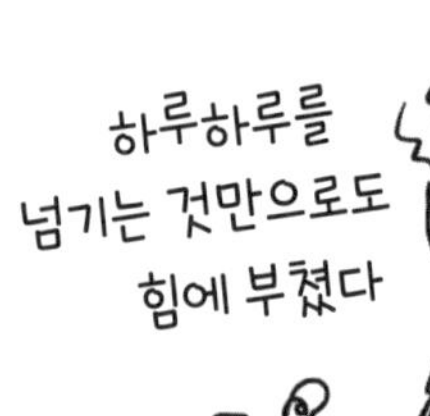

매일매일
필사적으로

하루하루를
넘기는 것만으로도
힘에 부쳤다

내 아이를
잘 키우고
있는 걸까?

전혀
자신이 없어서

그럴 때
착하고
영특하네
이 녀석
정말
착하
구나
'귀여워라'
'착하네'
'많이 컸네'라는
할머니 할아버지 말은
많이 컸네
너무
귀엽구나

내게 있어서
정말 정말
큰 힘이 됩니다.

아이가 생기고 알게 된 것들

아이가 생기고 알게 된 것들

어린이 방송이
생각보다 재미있다는 것

생각보다 많은 비행기들이
하늘을 날고 있다는 것

문에 달린 이 부분이
빠진다는 것

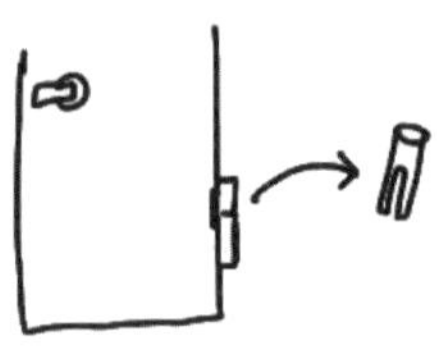

그릇 선반을
암벽등반할 수 있다는 것

잠을 편하게
잘 수 있는 사치

밥을 느긋하게
먹을 수 있다는 사치

생각보다 내게
인내력이 없다는 것

좋은 아기 냄새

졸리 우면
따뜻해지는 발

자그마한 장화와 우산

내 목을 감싸 안는
고사리 손

둘의 미래가

행복하기만을

비는 마음

지금의 우리 가족

우리집 식사 풍경

우리집 목욕 풍경

우리집 침실 풍경

그림을 그리는 일은 낮에 많이 하기 때문에 아무래도 남편의 존재감이 줄어들 수밖에 없습니다. 자상한 아빠이며 좋은 남편입니다만, 그렇기 때문에 여기서 우리집의 가사와 육아 역할 분담에 대해서 잠시 이야기해 두고 싶습니다.

목욕은 부부가 하루 걸러 교대로

한쪽이 아이들을 씻기면 다른 쪽이 욕조 청소를 하기로 했습니다. 어제 제가 애들을 씻기면 오늘은 남편이, 이렇게 하루 걸러 교대로 하고 있습니다.

저녁식사 후 설거지는 남편이

설거지는 남편이 하고 있습니다. 식기세척기가 있지만 요즘은 애들이 도와주고 싶어해서 그 덕분에 시간이 꽤 걸리기도 합니다. 그사이 저는 제 일을 할 때가 많습니다.

각자 페어로 잠재우기

남편이 아들을, 제가 딸의 잠재우기를 담당하고 있습니다. 하지만 딸애가 너무 안 자서! 날뛰기도 하고 수다쟁이가 되기도 하고…
게다가 하루 종일 아빠를 엄청
따르다가도 잠잘 때는 "아빵 씨쪄…"라고
하는 이상한 현상.

신혼 때 정한 가족 룰

일요일 저녁은 남편이 만들기로 했지만 처음에는 간이 너무 세서 "난 못 만들겠어…"라고 자포자기했더랬습니다. 지금은 저보다 맛깔난 요리를 만들기도 합니다.

가사일을 능숙하게 분담하게 된 건 딸애를 임신하고 제가 의사로부터 절대안정을 권유받았기 때문일지도 모릅니다. 아들만 있었을 때는 제 쪽으로 일이 치우쳐 버리기 일쑤였습니다. 그런데 애들은 저보다 남편을 더 좋아하는 것 같습니다. 내가 애들과 있는 시간이 더 많은데도…!
남편은 "(집에 잘 없는) 레어 캐릭터니까"라고 말하지만 위로는 되지 않네요….
남편과는 사이타마와 오사카에서 장거리 연애를 한 끝에 결혼한 케이스로, 지금 이렇게 같이 자고 같이 일어날 수 있는 것만으로도 "뭐가 이렇게 행복하지"라는 느낌이 드는 결혼 5년차입니다.

아들녀석은
굉장히 말이
늦은 아이였습니다.

여유를 가지고
기다렸지만

시간이 지나도
자기 이름조차
말하지 못했습니다

애들마다
그 마다 페이스가
있을 것이라고

2살 반쯤
발달검사를 받고
언어능력이
1년 정도 늦다는 걸
알았습니다.

아아 나는
아들에게 웃는 얼굴로
이야기하고 있는 건가?
불안한 얼굴로 말하고
있지는 않나?
앙~
엄마는 너랑 빨리 이야기를 하고 싶어~
심각하게
생각하지 않으려고
노력했지만
마음속은
복잡해서
좋은
엄마인
건가?
나는

같은 나이
친구들도
너보다
어린애들도

말을
다
하는데

내가
부족한 게
있었던 건
아닐까?

아들을
대하는 태도에
문제가 있는 건
아닐까

내 양육방식이
틀린 건
아닐까

빙글빙글
머리 속을
헤집고

그런 생각들이
빙글빙글

다른 애들이
엄마와 이야기를
나누는 모습을 보면
나도 모르게
가슴이 저며와서

아들은 무슨
생각을 하고
있는 건지

말을 할 수
없으니
다른 친구들을
밀거나 소리쳐서
무섭게 굴기도
해서 너무 미안
하기도 하고

나는
내 아들과
잔뜩 대화를
나누고 싶은데

자주 공원이나 인적이 드문 곳으로
나들이를 갔습니다.
다른 사람들한테 폐를 끼치지도 않고
다른 아이들과 비교하지 않아도 되니까.
자신의 나약함을 보지 않아도 되니까요.

라는 생각도
했었습니다.

그 모습 그대로
아들을 받아들여
여유를 갖고
기다려 보자는
생각도 하고

하지만
아들은
아들 나름
대로
성장하여

하지만
도움이 필요하다면
이대로 기다리기만 하면
안되지 않을까 하는
생각도 들며

여러 가지 기분이
복잡하게 얽히고
설켰습니다

대수롭지 않은
일로 멋대로
슬퍼지기도 하고

결국엔
아들의 언어
컵이

넘쳐흐르기
시작했습니다

그때
어땠어?
아들!
얼마 전까지
전혀 말
못했잖아!
스퍼쪄
말
몬해서
· · · · ·

그랬었구나
그 때
아들도
슬펐구나

비록 말로
표현은 못해도
그 작은
머릿속에는
여러 가지
생각들이
들어있었구나

그럼 이젠 말 잘하게 됐잖아! 어때?
……
잘 모르지만 슬퍼
기뻐
조금 슬퍼
아직 이야기 하고 싶은 게 아주 많은가 보구나
응
전부 들어줄 테니 말해봐
이 날은 제가 처음으로 아들 기분을 아들 말로 들었습니다.

.....
기뻐
지금
엄마 있어
아들이
뿌예졌습니다
눈물로

아이가 생기고
알게 된 것들

내 육아방식이
옳다고
생각하지 않지만
틀렸는지
어떤지도 모른다

답을 알게 되는 건
아마도 몇 십 년 후일지도,
어쩌면 영원히
알 수 없을지도 모른다
잠시 안심하고 있었던 사이에
돌이킬 수 없는 실패를
저지를 지도 모른다

그럼에도
엄마가 되길 잘 했다는
생각이 드는 건

무엇 때문일까

끝마치면서

어렸을 적 자주, 미래의 가정을 상상하곤 했습니다. 아이는 4명 이상에 모두 착한 아이. 엄청 큰 소파와 난로가 있고 깨끗이 정리된 방. 웃으면서 만든 쿠키를 모두에게 나눠주는 나. 신나서 쿠키를 먹는 아이들. 그 모습을 나와 남편이 흐뭇해하면서 지켜보는…. 아무도 싸우지 않고, 먹던 음식도 흘리지 않고, 매일 크리스마스 같은 따뜻하고 행복한 가족.

그것이 얼마나 어려운 일인지 아이들이 태어나서 알게 됐습니다. 큰 소파와 난로를 둘 장소 따윈 없고, 방은 어질러져 있고, 항상 누군가가 울거나 소리치고, 쿠키 따위 만들 시간도 없거니와 아이는 4명은 커녕 2명도 힘겹기만 합니다.

그런 생활 중에 저의 육아일기와 육아만화가 탄생했습니다.

아들이 자고 있는 사이에 한쪽 손으로 딸애를 안으면서 그림을 그리는 시간은 저에게 있어 무엇보다 큰 힐링이었습니다. 요즘 재미있었던 일과 힘들었던 일을 생각할 수 있는 소중한 시간이었으며, "우리집도 그래요!", "똑같네요"라는 말에 "다행이다, 나와 같은 처지의 사람들이 이렇게 많을 줄이야"라고 안심하며 위로를 받게 됐습니다.

2018년 여름에 몇 군데의 출판사로부터 출판의뢰를 받았습니다. 그중에서 처음으로 연락이 온 후소샤(扶桑社)로 정한 후, 천천히 여유를 가지고 계획을 세워서 마지막엔 고군분투로 한 권의 책이 세상에 나오게 됐습니다.

어렸을 적 내가 이 책을 읽었다면 상상했었던 가정과 달라서 낙담할지도 모릅니다. 하지만 10년 후의 저는 무척 행복한 나날로 지금의 시간을 그리워하며 기억할 것이라는 생각이 듭니다.

2019년 8월 무피

〈STAFF〉 **기획·편집** 시미즈 코우지 **디자인** 오구리야마 유우지 **DTP** 이시카와 타에코

아이가 생기고 알게 된 것들

펴낸이 유재영 | **펴낸곳** 인벤션 | **지은이** 무피(MUPY) | **옮긴이** 진정숙
기획 인벤션 | **편집** 유현 | **디자인** 임수미

1판 1쇄 2020년 5월 15일
출판등록 1987년 11월 27일 제10-149
주소 04083 서울 마포구 토정로 53(합정동)
전화 324-6130, 324-6131 | **팩스** 324-6135
E-메일 dhsbook@hanmail.net
홈페이지 www.donghaksa.co.kr
www.green-home.co.kr
페이스북 facebook.com/inventionbook

ISBN 978-89-7190-751-1 02590

- 파본 등의 이유로 반송이 필요할 경우에는 구매처에서 교환하시고,
  출판사 교환이 필요할 경우에는 위의 주소로 반송 사유를 적어 도서와 함께 보내주세요.
- 인벤션은 출판그룹 주식회사 동학사의 디비전입니다.